Rodolfo Barragan Ramirez
Andres Gonzalez Hernandez
Marcos Alfredo Azuara Hernandez

Análise das propriedades mecânicas do betão com concha de ostra

Rodolfo Barragan Ramirez
Andres Gonzalez Hernandez
Marcos Alfredo Azuara Hernandez

Análise das propriedades mecânicas do betão com concha de ostra

Gestão com a utilização de recursos naturais no betão em ensaios de compressão e flexão

ScienciaScripts

Imprint

Cover image: www.ingimage.com

This book is a translation from the original published under ISBN 978-613-9-40680-7.

Publisher:
Sciencia Scripts
is a trademark of
Dodo Books Indian Ocean Ltd. and OmniScriptum S.R.L publishing group

120 High Road, East Finchley, London, N2 9ED, United Kingdom
Str. Armeneasca 28/1, office 1, Chisinau MD-2012, Republic of Moldova, Europe
Managing Directors: Ieva Konstantinova, Victoria Ursu
info@omniscriptum.com

Printed at: see last page
ISBN: 978-620-8-55522-1

Conteúdo

Capítulo 1 1

Capítulo 2 7

Capítulo 3 29

Capítulo 4 34

COMENTÁRIOS 46

Resumo geral 49

Conclusões 50

Lista de referências 51

Capítulo 1

INTRODUÇÃO.

1.1 ANTECEDENTES

A história do betão é a história da procura, por parte do homem, de um espaço para viver da forma mais confortável, segura e protegida possível. Desde que o ser humano ultrapassou a era das cabanas, tem aplicado os seus maiores esforços para delimitar o seu espaço de vida, primeiro satisfazendo as suas necessidades de habitação e depois erigindo construções com requisitos específicos. Templos, palácios, museus são o resultado do esforço que constitui a base do progresso da humanidade. O povo egípcio já utilizava uma argamassa - uma mistura de areia e cimento - para unir blocos e lajes de pedra ao escolher as suas espantosas construções.

A história da utilização de aditivos químicos no betão remonta ao século passado, depois de Joseph Aspdin ter patenteado em Inglaterra, em 21 de outubro de 1824, um produto a que chamou "Cimento Portland".

A primeira adição de cloreto de cálcio como aditivo ao betão foi registada em 1873 e patenteada em 1885. Ao mesmo tempo que os aceleradores, os primeiros aditivos utilizados eram hidrófugos. Do mesmo modo, no início do século, foi testada a incorporação de silicato de sódio e de vários sabões para melhorar a impermeabilização. Nessa altura, começaram a ser adicionados pós finos para colorir o betão. Os fluatos ou fluossilicatos foram utilizados a partir de 1905 como endurecedores de superfície. A ação retardadora do açúcar também já tinha sido observada.

1.1.1 COMPONENTES BÁSICOS DO BETÃO HIDRÁULICO.

Os agregados são geralmente divididos em dois grupos: finos e grossos. Os agregados finos são constituídos por areias naturais ou manufacturadas com granulometria entre 15 mm e cerca de 10 mm; os agregados grossos são aqueles cujas partículas ficam retidas na malha nº 16 e podem ir até 152 mm. A dimensão máxima dos agregados normalmente utilizada é de 19 mm ou 25 mm.

O ligante é composto por cimento Portland, água e ar aprisionado ou intencionalmente incluído. Normalmente, a pasta constitui: 25% a 40% do volume total do betão.

Uma vez que os agregados constituem aproximadamente 60% a 75% do volume total do betão, a sua seleção é importante não devido à percentagem de volume, mas porque são os blocos de construção.

As caraterísticas da composição das suas partículas devem ter uma resistência adequada, bem como resistência às condições atmosféricas, pois se contiverem impurezas, podem provocar a deterioração do betão. Para que haja um aproveitamento eficiente do ligante (cimento e água, ar), é necessário que haja uma granulometria contínua em tamanhos de partículas. A qualidade do betão depende em grande parte do ligante.

Num betão bem feito, cada partícula de agregado está coberta de agregado em toda a sua dimensão, assim como todos os espaços entre as partículas de agregado.

1.1.2 RESISTÊNCIA À COMPRESSÃO.

Quanto menos água for utilizada, melhor será a qualidade do betão, desde que possa ser devidamente consolidado. Quantidades menores de água de amassadura resultam em misturas mais rígidas e mais difíceis de manipular; mas com vibração, mesmo estas misturas podem ser facilmente manipuladas.

Para uma determinada qualidade de betão, as misturas mais rígidas são as mais económicas. Por conseguinte, a consolidação do betão por vibração permite uma melhoria da qualidade e da economia do betão.

1.1.2 RESISTÊNCIA À FLEXÃO.

As especificações e investigações de resistências aparentemente baixas devem ter em conta a elevada variabilidade dos resultados dos ensaios de resistência à flexão. Um curto período de secagem pode produzir uma queda acentuada na resistência à flexão. A flexão pode ser utilizada para fins de projeto, mas deve ser testada com cuidado, uma vez que é extremamente sensível.

1.2 DEFINIÇÃO DO PROBLEMA.

Hoje em dia, os conceitos de ecologia e ambiente são cada vez mais importantes a nível mundial, o que afecta diretamente a indústria da construção, uma vez que o tipo de actividades que envolvem esta indústria pode ter consequências prejudiciais e até irreversíveis para o ambiente. Nos últimos anos, publicações científicas, patentes e sítios Web de alguns países ou empresas têm vindo a realizar estudos e a expor os avanços na produção, caraterização e aplicações de componentes de conchas de ostras. Verificou-se que os materiais que são produto de espécies calcárias podem ser considerados materiais híbridos naturais, uma vez que são constituídos por compostos orgânicos e inorgânicos. Um exemplo de um material híbrido natural é o osso, cuja dureza e rigidez não foram encontradas em nenhum material sintético.

A vantagem que estes materiais porosos oferecem é que, ao remover os componentes orgânicos, o tamanho e a forma dos poros podem ser controlados com precisão, tornando-os resistentes ao fogo, impermeáveis na construção e para utilizações ambientais, como a absorção de gases poluentes.

Uma forma de aproveitar os resíduos de crustáceos é adicioná-los ao aglutinante, uma vez que são um substituto de boa qualidade para o carbonato de cálcio e contribuem para aumentar a resistência mecânica do betão.

1.3 OBJECTIVO DA INVESTIGAÇÃO.

1.3.1 OBJECTIVO GERAL.

Avaliar as propriedades mecânicas do betão em ensaios de flexão e compressão com a adição de concha de ostra (Crassostrea).

1.3.2 OBJECTIVOS ESPECÍFICOS.

Determinar as propriedades indicadoras dos agregados (brita, areia e concha de ostra) para utilização no fabrico de betão hidráulico e analisar as suas propriedades mecânicas em relação ao betão convencional.

1.4 QUESTÕES DE INVESTIGAÇÃO.

1) Qual dos dois betões dará uma maior resistência à compressão?
2) Aumentar a capacidade de trabalho?
3) ajustar outras propriedades do betão?
4) Irá aumentar ou diminuir a sua folga?
5) A sua massa unitária irá aumentar ou diminuir?

1.5 HIPÓTESE.

As propriedades do betão melhoram com a adição de concha de ostra (Crassostrea)?

Os desempenhos dos ensaios de flexão e compressão são diferentes em comparação com uma mistura de betão convencional?

1.6 JUSTIFICAÇÃO.

Atualmente, as conchas de ostras "Crassostrea", exploradas comercialmente no município de Moralillo, Panuco, Veracruz, representam um problema de poluição. Depois de consumir a parte comestível da ostra, as pessoas descartam as conchas nas ruas ou em locais públicos e até mesmo em aterros sanitários, causando uma má aparência, falta de higiene e a propagação de pragas.

Por conseguinte, esta investigação tem por objetivo encontrar uma solução para este problema de poluição e reciclar estes resíduos para obter um material com fins ambientais para a construção.

1.7 DELIMITAÇÕES.

1.7.1 DELIMITAÇÕES GEOGRÁFICAS.

O material natural de concha de ostra (Crassostrea) foi obtido na Laguna de la Costa, situada na localidade de Moralillo, no Município de Pánuco (no Estado de Veracruz de Ignacio de la Llave). Localiza-se a exatamente 38,2 km (W) do centro geográfico do município de Pánuco. E está localizado a 0,69 km (a W) do centro da cidade de Moralillo.

Figura 1.1 Localização da concha da ostra (Crassostrea).

Amostras de conchas de ostras foram levadas ao laboratório para serem trituradas e peneiradas, com tamanhos de partículas variando de 75 micrômetros (malha № 200) a 4,75 milímetros (malha № 4), podendo conter finos menores, dentro das proporções estabelecidas na norma N-CMT-2-02-002/02.

1.7.2 DELIMITAÇÕES TÉCNICAS.

Além disso, a sua captura e produção é a principal atividade para os habitantes das lagoas costeiras do Estado; o problema persiste quando não se sabe o que fazer com a parte não comestível deste produto marinho. Este problema afecta os restauradores, a população civil e as autoridades, uma vez que são geradas toneladas e apenas um quarto delas é utilizado para a reprodução do molusco adutor. Esta situação não é exclusiva do Estado, mas a nível nacional, outros Estados costeiros como Tamaulipas,

Veracruz e Campeche também são afectados por este mesmo problema.

O descarte das conchas nesses locais gera bastante transtorno, principalmente devido à sua insolubilidade na água e à sua resistência à biodegradação. Um dos problemas que mais preocupam as comunidades é o crescimento do mosquito transmissor da dengue no interior das conchas de ostras, pois elas possuem formato irregular e assimétrico, com superfície externa rugosa e escura, contrastando com o interior, que possui uma superfície côncava lisa que permite a retenção de água.

Este projeto foi realizado em aproximadamente 6 meses, tendo começado em novembro de 2018 e terminado no final de maio de 2019. Embora a investigação pudesse ser mais aprofundada e extensa, finalizando pormenores em cada uma das componentes do projeto, caberá aos futuros alunos interessados em aprofundar esta investigação.

Foram fabricados 6 cilindros de 15 x 30 e 9 vigas de 15x15x60 cm de betão com cimento Portland CPC-30R da Cemex Monterrey comercializado na Zona Conurbada del Sur de Tamaulipas, com agregados virgens de Areia do Rio Cacalilao Veracruz e cascalho de seixo britado de % " a finos do Banco el Abra no Estado de SLP com adição de 3% em peso de resíduo de concha de ostra.

Para obter a sua resistência, foram efectuados ensaios de compressão e flexão com uma máquina universal Forney, modelo LT-1150, que possui diferentes gamas de capacidade.

As propriedades do betão que avaliámos foram: no estado fresco slump test (SLUMP), temperatura, massa unitária, e no estado endurecido a sua resistência à compressão e à flexão aos 28 dias.

Foram utilizados os seguintes equipamentos e materiais para o fabrico e ensaio:

- Cimento.
- Água.
- Arena.
- Equipamento:
- Moldes de aço ou de ferro forjado (antes da utilização, os moldes devem ser revestidos com óleo mineral ou com um agente de libertação de forma não reativo).
- Barra de ferro.
- Martelo de borracha.

- Carrinho de mão.
- Pás de aço para construção.

Foram fabricados:

- 6 cilindros de betão 15*30cm
- 9 vigas 15*15*60 cm

Capítulo 2

ANÁLISE DOS FUNDAMENTOS.

2.1 QUADRO TEÓRICO.

2.1.1 ANTECEDENTES DO CIMENTO.

De todos os ligantes hidráulicos, o cimento Portland e os seus derivados são os mais utilizados na construção porque são constituídos basicamente por misturas de calcário, argila e gesso, minerais muito abundantes na natureza, o seu preço é relativamente baixo em relação a outros materiais e as suas propriedades são muito adequadas aos objectivos que se pretendem atingir.

Os ligantes hidráulicos incluem também os cimentos de alto-forno, os cimentos pozolânicos e os cimentos mistos, todos eles com um campo de utilização muito vasto no betão para determinados meios, bem como os cimentos aluminosos "cimentos de aluminato de cálcio", que são utilizados em casos especiais.

Os cimentos são utilizados para produzir argamassas e betões quando misturados com água e agregados, naturais ou artificiais, para obter elementos de construção pré-fabricados ou "in situ".

Há 5.000 anos, no norte do Chile, surgiram as primeiras estruturas de pedra, unidas por um conglomerado hidráulico feito a partir da calcinação de algas marinhas, que formaram as paredes das cabanas utilizadas pelos índios.

Os egípcios utilizavam o gesso e a argamassa de cal nas suas construções monumentais.

Em Troia e Micenas, a história diz que foram utilizadas pedras unidas por argila para construir paredes, mas, na realidade, o betão feito com um mínimo de técnica aparece em abóbadas construídas cem anos antes de J.C.

Os romanos deram um importante passo em frente quando descobriram um cimento feito pela mistura de cinzas vulcânicas com cal viva. Em Puteoli, hoje conhecida como Puzzuoli, havia um depósito destas cinzas, pelo que este cimento foi chamado "cimento pozzolana".

Agripa construiu o Panteão de Roma com betão em 27 a.C., que foi destruído por um incêndio e depois reconstruído por Adriano em 120 d.C. Desde então, resistiu ao teste do tempo sem sofrer danos até 609, quando foi transformado na igreja de Santa Maria dei Martiri (Santa Maria dos Mártires). A sua cúpula de 44 metros de comprimento é feita de betão e não tem aberturas para além de uma claraboia no topo.

2.1.2 ANTECEDENTES DO AGREGADO.

Ao longo da história da humanidade, o homem teve necessidade de aprender a utilizar os recursos da própria natureza. Assim, a história do processamento de agregados remonta à atividade que se desenvolveu no interior da terra ao longo das eras geológicas, conduzindo a alterações na formação e transformação das rochas que hoje são utilizadas na produção de betão, misturas asfálticas e estruturas de pavimento.

Nos últimos 100 anos, a necessidade de materiais de construção levou o homem a estudar as leis naturais e a compreendê-las através da observação cuidadosa das rochas desde o seu estado natural até aos seus meios de utilização.

Agregado é um material sólido natural e/ou artificial, pedregoso, de forma aparentemente inerte e estável, de composição, pH e dimensão variáveis.

Os agregados têm as seguintes caraterísticas de acordo com a sua forma e textura, uma vez que estas são muito influentes na necessidade de água da mistura e na adesão do agregado à pasta de cimento:

- Absorção (NTC 176): Mede a porosidade superficial ou porosidade saturável. Quanto mais poroso for, menor será a sua resistência mecânica, pelo que quanto menor for a sua absorção, melhor será a sua compactação e qualidade.
- Número de partículas que passam no peneiro de 0,075 mm (NTC 78) ou Pass 200: Partículas menores que 0,075 mm interferem na aderência entre o agregado e a pasta de cimento ou asfalto, fazendo com que percam sua capacidade aglutinante.
- Densidade (NTC 176): Indica a relação entre a massa e o volume da rocha.
- Desgaste abrasivo (NTC 93, 98): Indica a resistência do material quando friccionado contra outro material de resistência conhecida ou friccionando as partículas de pedra umas contra as outras.
- Forma dos agregados (NTC 385): Classificação dos agregados segundo a sua forma: alongados, planos, redondos e fracturados. A maior aderência à pasta de cimento e ao asfalto deve-se à maior fracturação, que produz um maior encravamento das partículas e, portanto, uma maior resistência.
- Granulometria (NTC 77 e 174): É a composição em percentagem dos vários tamanhos de agregados de uma amostra. Esta composição é feita do maior para o menor tamanho, por um valor que representa, em peso, a percentagem parcial de cada

tamanho que passou ou ficou retida nos diferentes crivos que são obrigatoriamente utilizados para tal medição.

- Humidade (NTC 1776): Estima o grau de humidade superficial ou livre principalmente no agregado fino.
- Massa unitária (NTC 92): É a relação entre a massa do material que cabe num determinado recipiente e o volume desse recipiente. É expressa em kg/m3.
- Reatividade álcali-sílica (NTC 175): Geração do gel de álcali-silicato resultante da reação dos componentes activos da sílica do agregado e dos álcalis do cimento. Este gel é expansivo e ao absorver água tende a aumentar de volume provocando pressões internas com a correspondente fissuração e rutura da pasta de cimento.
- Saneamento (NTC 126): Determina a solidez dos agregados quando sujeitos à ação da intempérie ou a condições ambientais agressivas.
- Substâncias nocivas (NTC 127, 589): Os agregados grossos devem ser limpos, sem partículas de natureza orgânica ou inorgânica, pois estas diminuem a resistência e a economia dos betões e asfaltos.

2.1.3 SURGIMENTO DO CIMENTO PORTLAND.

Em meados do século XVII, o reverendo inglês James Parker criou acidentalmente um cimento ao queimar um pouco de calcário. Esta descoberta foi baptizada de cimento romano, porque se pensava que tinha sido utilizado na época romana, e começou a ser utilizado em vários estaleiros de construção no Reino Unido.

Joseph Aspdin e James Parker patentearam, em 21 de outubro de 1824, o primeiro cimento Portland feito de calcário argiloso e carvão: calcinado a alta temperatura. O nome Portland deriva da sua cor acinzentada, muito semelhante à pedra da Ilha de Portland, no Canal da Mancha.

Mais tarde, Isaac Johnson melhorou este processo de produção aumentando a temperatura de calcinação, obtendo em 1845 o protótipo do cimento moderno feito a partir de uma mistura de calcário e argila calcinada a altas temperaturas até à formação de clínquer. É por isso que Johnson é hoje conhecido como o pai moderno do cimento Portland.

No final do século XIX, uma série de desenvolvimentos do período impulsionaram a utilização do cimento Portland numa vasta gama de aplicações. Importante neste caso foi o desenvolvimento da industrialização, a introdução de fornos rotativos para calcinação e o moinho de tubos.

Do mesmo modo, a indústria do cimento conheceu um crescimento rápido no início do século XX, devido às experiências dos químicos franceses Vicat e Le Chatelier e do alemão Michaelis, que conseguiram produzir um cimento de qualidade homogénea.

O que precede resume as principais condições para a produção de cimento portland em grandes quantidades para a indústria da construção no início do século e posteriormente.

Atualmente, apesar de todas as melhorias técnicas introduzidas, o cimento Portland continua a ser, na sua essência, muito semelhante ao que foi proposto inicialmente, embora o seu impacto e apresentação tenham melhorado significativamente.

Quadro 2.1 Cronologia da indústria do cimento no México

ANO	EVENTO
1906	A primeira fábrica de cimento mexicana foi fundada em Hidalgo, N.L., que mais tarde se tornou no que é hoje o "GRUPO CEMEX".
1928	A Holcim Apasco foi fundada no município de Apasco, no Estado do México.
1931	A Cementos Hidalgo e a Cementos Portland Monterrey fundem-se para formar a Cementos Mexicanos, atualmente CEMEX.
1942	Criação da Comissão Reguladora do Cimento.
1942	Criação do gabinete da indústria do cimento.
1948	A Câmara Nacional do Cimento (CANACEM) é criada com a participação de todas as empresas constituídas como sociedades anónimas.
1959	É fundado o Instituto Mexicano do Cimento e do Betão, que assume as funções de divulgação do cimento e do betão, bem como a participação na elaboração de normas de qualidade do cimento e do betão.
1973	É publicado o primeiro anuário que inclui informações relevantes sobre a produção e o consumo de cimento no México, bem como dados sobre a indústria.
1992	É assinado um acordo com o IMSS para diferenciar a indústria do cimento da indústria do gesso e da cal, a fim de pagar contribuições

	mais realistas.
1994	O Prémio Nacional de Segurança e Saúde no Trabalho é assinado conjuntamente com o IMSS. A SCT conseguiu que a SCT retomasse a utilização do betão nos pavimentos rodoviários, pondo assim fim a um mito que durou 70 anos. A CANACEM participa como membro fundador da Organização Nacional de Normalização e Certificação da Construção e do Edifício (ONNCCE).
2008	A Holcim Apasco inicia a construção de uma nova fábrica de cimento em Hermosillo, Sonora.

Fonte: Estudio y aplicación Normativa en la fabricación del cemento, Isaí Montalván; Leny Suarez; Edith Téllez, Instituto Politécnico Nacional, México DF 2010.

2.1.4 TIPOS DE CIMENTO.

A classificação dos cimentos pode ser feita de acordo com diferentes critérios, de modo a

Neste projeto, vamos concentrar-nos na sua classificação de acordo com o tipo de cimento.

Portland.

Existem cinco tipos de cimento Portland:

- Tipo I: Cimento Portland destinado a obras de betão em geral, quando não é especificada a utilização de outro tipo (edifícios, estruturas industriais, complexos habitacionais). Liberta mais calor de hidratação do que os outros tipos de cimento.
- Tipo II: de resistência moderada aos sulfatos, cimento Portland destinado a obras de betão em geral e a obras expostas a uma ação moderada dos sulfatos ou em que é necessário um calor moderado de hidratação, quando especificado (pontes, tubos de betão).
- Tipo III: Resistência inicial elevada, por exemplo, quando a estrutura de betão tem de ser carregada o mais rapidamente possível ou quando a cofragem tem de ser removida alguns dias após o vazamento.
- Tipo IV: É necessário um baixo calor de hidratação quando não deve ocorrer

qualquer expansão durante o endurecimento.

- Tipo V: Utilizado quando é necessária uma elevada resistência à ação dos sulfatos concentrados (canais, esgotos, obras portuárias).

2.1.5 RESISTÊNCIA MECÂNICA.

Relativamente à resistência, Espino et al (1997) afirmam que é a propriedade mais importante do material estrutural, pois é a que define a força que um elemento estrutural será capaz de suportar antes de falhar, e que é conhecida como tensão.

A resistência mecânica do cimento é a principal caraterística que o utilizador avalia e aprecia. Quando o cimento hidrata com a água, constitui a matriz que assegura a resistência do esqueleto de agregados que compõem as argamassas e os betões. A resistência intrínseca do cimento é uma função crescente do teor de silicato de cálcio no clínquer e da finura de moagem, como parâmetros básicos.

O aumento da resistência ao longo do tempo depende da relação entre o C3S que gera a resistência inicial e o C2S que contribui posteriormente. Nas pastas endurecidas, independentemente da resistência própria do cimento, a resistência é devida ao volume dos produtos de hidratação formados no espaço definido pelo cimento e pela água de amassadura. Este fator é, em certa medida, expresso na relação clássica água/cimento.

A resistência do asfalto reside nas condições de ligação pasta-agregado e/ou na resistência intrínseca da pasta.

Recorde-se que a resistência dos agregados excede largamente a resistência da pasta e a que os elementos de betão têm normalmente de assumir.

A resistência do betão difere em função do tipo de tensão que lhe é imposta: por exemplo, à compressão, resiste dez vezes mais do que à atração.

Sendo a resistência à compressão a mais elevada, o betão tem uma vocação natural para responder a este regime de trabalho, sendo reforçado com barras de aço que absorvem as tensões de tração ou submetido a um estado de pré-esforço que compensa as tensões de tração.

Por outro lado, a resistência à compressão é um índice geral de qualidade, uma vez que se correlaciona com o módulo de elasticidade e é um indicador eficaz de durabilidade.

É evidente que os resultados dos ensaios de compressão são de interesse, uma vez que o betão é avaliado pela sua resistência à compressão. Especialmente, quando as normas de ensaio incorporam monteros plásticos com resistências comparáveis às obtidas no betão.

2.1.6 ENSAIOS DE RESISTÊNCIA À COMPRESSÃO

A resistência à compressão do cimento, o ensaio mais comum aplicado ao betão, é uma medida de ensaio extrema utilizada para determinar o tipo de cimento adequado e a aplicação de diferentes graus de cimentos Portland.

A sua resistência à compressão é uma medida fundamental para uma conceção segura. O ensaio de resistência à compressão mede a capacidade do betão para resistir a forças de compressão.

A partir da combinação de cimento, água, areia e gravilha é criado o betão, os especialistas testam as amostras em cilindros de betão em condições controladas para determinar a resistência à compressão.

A hidratação do betão ocorre a diferentes ritmos, pelo que atinge diferentes níveis de resistência em diferentes períodos de tempo. Os ensaios de hidratação do betão são realizados em diferentes períodos de tempo, dependendo do tipo de cimento e da utilização prevista para o betão.

Os testes podem ser efectuados num dia, três dias, sete dias, 28 dias ou 90 dias. Depois disso, cada amostra é endurecida no tempo determinado.

Os especialistas colocam-no sob uma carga de compressão, numa máquina hidráulica, até atingir o ponto de rutura.

A resistência à compressão é medida através da recolha de amostras cilíndricas de betão na máquina de ensaio de compressão, enquanto a resistência à compressão é calculada a partir da carga de rutura dividida pela área da secção que resiste à carga e comunicada em mega Pascal (MPa) em unidades SI. Os requisitos de resistência à compressão podem variar entre 17 MPa para betão residencial e 28 MPa ou mais para estruturas comerciais.

Na etapa seguinte, os resultados são analisados de acordo com os requisitos de resistência à compressão especificados de acordo com as normas. A resistência à compressão das misturas de betão pode ser concebida de forma a ter uma vasta gama de propriedades mecânicas e de durabilidade que satisfaçam os requisitos de conceção estrutural.

Os resultados dos ensaios de resistência à compressão são utilizados principalmente para determinar se a mistura de betão fornecida cumpre os requisitos de resistência à f'c especificados no projeto.

Os resultados dos ensaios de resistência de cilindros moldados podem ser utilizados para efeitos de controlo de qualidade da aceitação do betão ou para estimar a resistência do betão em estruturas para programar operações de construção, tais como a remoção de cofragens, ou para avaliar a adequação da cura e da proteção fornecidas à estrutura.

Os cilindros sujeitos a ensaios de aceitação e controlo de qualidade são fabricados e curados de acordo com os procedimentos descritos nos espécimes curados padrão. O resultado de um ensaio é a média de, pelo menos, dois ensaios de resistência normalizados ou curados convencionalmente feitos a partir da mesma amostra de betão e testados à mesma idade.

Para realizar este ensaio, de acordo com o guia prático de materiais de construção da Faculdade de Engenharia Arturo Narro Siller (FIANS) da Universidade Autónoma de Tamaulipas (UAT), é necessária uma prensa com uma capacidade de carga compatível com a resistência dos elementos, aplicada a uma velocidade de 25 kg/cm por segundo.

A amostra a ensaiar deve estar num estado de humidade em equilíbrio com o ambiente, recomendando-se um período de armazenamento não superior a 4 dias no laboratório, com circulação de ar à volta das amostras.

Antes do ensaio é necessário ter a área total e a área líquida de cada provete a ensaiar, sendo que a área líquida de cada provete é a que está incluída nos chanfros, aplicando-se uma camada de enxofre nas camadas superior e inferior do bloco para uniformizar a carga a que vai ser sujeito.

Esta camada de enxofre deve ter uma resistência à compressão superior à do provete, caso contrário, o enxofre falharia primeiro e os resultados obtidos seriam erróneos.

A carga é aplicada sem impacto e uniformemente até ao limite em que a carga não pode ser suportada. A leitura máxima é registada no registo.

2.1.6 ENSAIOS DE RESISTÊNCIA À FLEXÃO.

A resistência à flexão é uma medida da resistência à tração do betão (betão). É uma medida da resistência à rutura por momento de uma viga ou laje de betão não reforçado. É medida através da aplicação de cargas a vigas de betão com uma secção transversal de 150 x 150 mm (6 x 6 polegadas) e com um vão de, pelo menos, três vezes a espessura.

É expresso como o Módulo de Rutura (MoR) em libras por polegada quadrada (MPa). O Módulo de Rutura é aproximadamente 10% a 20% da resistência à compressão, dependendo do tipo, dimensões e volume do agregado grosso utilizado.

Nunca permitir que as superfícies das vigas sequem em qualquer altura. Mergulhar em água saturada de cal durante pelo menos 20 horas antes do ensaio.

2.2 QUADRO CONCEPTUAL.

2.2.1 CONCEITO E DEFINIÇÃO DE CIMENTO.

O cimento é um ligante hidráulico, ou seja, um material inorgânico finamente moído que, quando misturado com água, forma uma pasta que se fixa e endurece através de reacções e processos de hidratação e que, uma vez endurecido, mantém a sua resistência e estabilidade mesmo debaixo de água.

Devidamente doseado e misturado com água e agregados, deve produzir um betão ou argamassa que mantenha a trabalhabilidade durante um período de tempo suficiente, atinja níveis de resistência pré-especificados e apresente estabilidade de volume a longo prazo.

O endurecimento hidráulico do cimento deve-se principalmente à hidratação de silicatos de cálcio, embora outros compostos químicos, por exemplo, aluminatos, possam também estar envolvidos no processo de endurecimento. A soma das proporções de óxido de cálcio reativo (CaO) e de dióxido de silício reativo (SiO2) deve ser de, pelo menos, 50 % em massa, sendo as proporções determinadas em conformidade com a norma europeia EN 196-2.

Os cimentos são compostos por diferentes materiais (componentes) que, devidamente doseados através de um processo de produção controlado, conferem ao cimento as qualidades físicas, químicas e de resistência adequadas à utilização pretendida.

Do ponto de vista da composição normalizada, existem dois tipos de componentes:

Componente principal: Material inorgânico, especialmente selecionado, utilizado numa proporção superior a 5% em massa da soma de todos os componentes principais e minoritários .

Componente minoritário: Qualquer componente principal, utilizado numa proporção inferior a 5% em massa da soma de todos os componentes principais e minoritários.

2.2.2 FABRICO DE CIMENTO: ACTIVIDADES INDUSTRIAIS NO FABRICO DE CIMENTO.

2.2.2.1 PRIMEIRA FASE: MATÉRIAS-PRIMAS.

O processo de fabrico do cimento começa com o estudo e avaliação mineira das matérias-primas (calcário, argilas, areia, minério de ferro e gesso) necessárias para obter a composição desejada de óxidos metálicos para a produção de clínquer. O clínquer de cimento é composto pelos seguintes óxidos (dados em %)

Quadro 2.2 Componentes do clínquer

COMPONENTES DO CLÍNQUER	PERCENTAGEM (%)
Carbonato de cálcio (CaCO3)	70-75
Óxido de silício (Si02)	2-3
Óxido de alumínio (AL203)	20-25
Óxido de ferro (FE03)	0-1

Fonte: http://www.canacem.org.mx/procesos_de_produccion.htm _3/10/2014

A proporção correta dos diferentes óxidos é obtida através da dosagem dos minerais de partida.

- Calcário e marga para o fornecimento de CaO.
- Argila e xistos para o resto dos óxidos.

Numa segunda fase, os estudos geológicos são concluídos, a exploração é planeada e o processo começa: perfuração, queima, remoção, classificação, carregamento e transporte de matérias-primas.

As matérias-primas essenciais, o calcário, a marga e a argila, extraídas das pedreiras, devem fornecer os elementos essenciais do processo de fabrico do cimento: cálcio, silício, alumínio e ferro.

Muitas vezes, é necessário recorrer a outras matérias-primas secundárias, naturais (bauxite, minério de ferro) ou subprodutos e resíduos de outros processos (cinzas de centrais térmicas, escórias de aço, areias de fundição) para obter estes elementos. Os calcários podem ser suficientemente duros para exigir a utilização de explosivos e a sua posterior trituração, ou suficientemente moles para poderem ser explorados sem a utilização de explosivos.

Uma vez fragmentadas as grandes massas de pedra, o material resultante é transportado para a fábrica em camiões ou correias. As matérias-primas naturais são submetidas a uma primeira trituração, quer na pedreira, quer à chegada à fábrica de cimento, onde são descarregadas para armazenamento.

Figura 2.1 Trituração

A britagem da rocha é efectuada em duas fases, inicialmente é processada num britador primário, do tipo cónico, que a reduz de uma dimensão máxima de 1,5m para 25cm. O material é depositado numa pilha de reserva. De seguida, após verificação da sua composição química, segue para a britagem secundária, reduzindo o seu tamanho para aproximadamente 2 mm.

O material triturado é transportado para a fábrica por correias transportadoras e depositado numa pilha de matérias-primas. Em alguns casos, é efectuado um processo de pré-homogeneização.

A pré-homogeneização através de concepções adequadas de empilhamento e extração de materiais no armazenamento reduz a variabilidade dos materiais.

Este material é transportado e armazenado num local a partir do qual o moinho em bruto é alimentado. Dois outros silos com materiais corretivos (minérios de ferro e calcário de alta correção) são aí armazenados. Estes são doseados em função das suas caraterísticas e, através de balanças, o material é encaminhado para o moinho de farinha (ou cru). Os estudos da composição dos materiais nas diferentes zonas de pedreiras e as análises efectuadas na fábrica permitem dosear a mistura de matérias-primas para obter a composição desejada.

2.2.2.2.2 SEGUNDA FASE: TRITURAÇÃO E COZEDURA.

Esta fase envolve a moagem das matérias-primas (moagem em bruto), através de moinhos de bolas, prensas de rolos ou forças de compressão elevadas, que produzem um material muito fino. Neste processo, é feita a seleção dos materiais, de acordo com o projeto da mistura, de forma a otimizar a matéria-prima que vai entrar no forno, considerando o cimento com melhores caraterísticas.

A moagem é utilizada para reduzir a dimensão das partículas dos materiais, de modo a que as reacções químicas durante a cozedura no forno possam ser realizadas corretamente. O moinho tritura e pulveriza os materiais até um tamanho médio de 0,05 mm.

O material moído deve ser homogeneizado para garantir a eficácia do processo de clinkerização através de uma qualidade consistente. Este processo é efectuado em silos de homogeneização. O material resultante, que é um pó muito fino, deve ter uma composição química constante.

O forno deve receber uma alimentação quimicamente homogénea, o que é conseguido através do controlo da dosagem correta dos materiais que constituem a alimentação do moinho de cru. Se os materiais utilizados forem de qualidade variável, devem ser previamente pré-homogeneizados.

Após a moagem, a farinha crua é submetida a um processo de homogeneização final, que garante uma mistura homogénea com a composição química necessária.

Para além da homogeneidade química, a finura e a curva granulométrica da farinha crua são essenciais, o que se consegue através da regulação do separador que classifica o produto à saída do moinho, reintroduzindo a fase insuficientemente moída (circuito fechado).

Figura 2.2 Processo de trituração e cozedura.

A segunda fase consiste igualmente na cozedura da farinha crua em fornos rotativos até atingir uma temperatura material de cerca de 1450 °C para ser arrefecida bruscamente e obter um produto intermédio denominado clínquer.

2.2.2.3 TERCEIRA FASE: FABRICO DO CLÍNQUER.

O clínquer é definido como o produto obtido por fusão incipiente de materiais argilosos e calcários contendo óxido de cálcio, silício, alumínio e ferro em quantidades adequadamente calculadas.

O clínquer é um produto intermédio no processo de fabrico de cimento. Uma fonte de cal, como os calcários, uma fonte de sílica e alumina, como as argilas, e uma fonte de óxido de ferro são devidamente misturadas, finamente moídas e calcinadas num forno a cerca de 1500°C, resultando no chamado clínquer de cimento Portland.

A farinha crua é introduzida por meio de sistemas de transporte pneumático e devidamente doseada num permutador de calor de suspensão gasosa de múltiplos estágios, na base do qual está instalado um moderno sistema de pré-calcinação da mistura antes da sua entrada no forno rotativo onde ocorrem as restantes reacções físico-químicas que conduzem à formação do clínquer.

A troca de calor ocorre por meio de transferências térmicas através do contacto íntimo entre o material e os gases quentes obtidos do forno, a temperaturas de 950 a 1100°C.

O forno é o elemento fundamental para o fabrico de cimento. É constituído por um tubo de aço cilíndrico com 40 a 60 m de comprimento e 3 a 6 m de diâmetro, revestido no interior com materiais refractários. O forno para a produção de cimento produz temperaturas de 1500 a 1600°C, uma vez que as reacções de clinkerização rondam os 1450°C.

O clínquer que sai do forno a uma temperatura de 1200°C é depois submetido a um processo de arrefecimento rápido através de refrigeradores de grelha. É depois transportado por transportadores metálicos para uma zona de armazenamento.

Em função da forma como o material é processado antes de entrar no forno de clínquer, podem distinguir-se quatro tipos de processos de fabrico: seco, semi-seco, húmido e semi-húmido.

A tecnologia aplicada depende principalmente da origem das matérias-primas. O ponto do calcário e da argila e o teor de água (de 3% para os calcários duros a 20% para algumas margas) são os factores decisivos.

Processo seco:

O processo seco é o mais económico em termos de consumo de energia e é o mais comum. A matéria-prima é introduzida no forno sob a forma seca e pulverulenta. O sistema do forno inclui uma torre de ciclones para troca de calor, que pré-aquece o material em contacto com os gases provenientes do forno.

O processo de descarbonatação do calcário (calcinação) pode estar quase concluído antes de o material entrar no forno se for instalada uma câmara de combustão à qual é adicionado combustível (pré-calcinador).

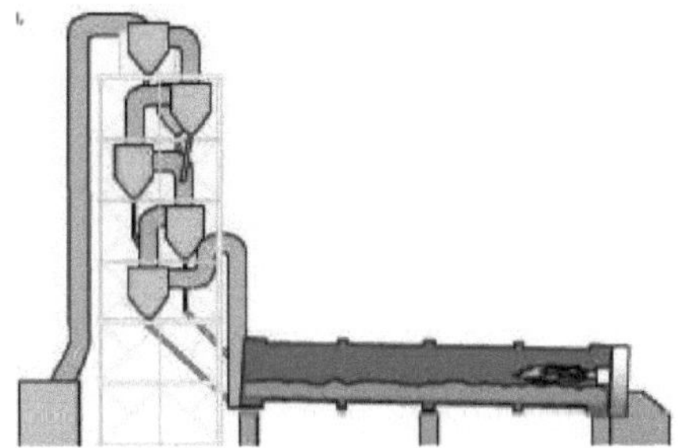

Figura 2.3 Calcinação

Processamento por via húmida:

Este processo é normalmente utilizado para matérias-primas com um elevado teor de humidade. O material de alimentação é preparado por co-moagem da mesma água, resultando numa pasta com um teor de água de 30-40% que é introduzida na parte superior do forno de clínquer.

Se a argila estiver bastante húmida e tiver a propriedade de se dissolver na água, deve ser submetida à ação de misturadores para formar a pasta; isto é feito no moinho de lavagem, que é um eixo circular com braços de agitação radiais com ancinhos que quebram os aglomerados de matéria sólida.

Processo semi-húmido e semi-seco.

O material de alimentação é obtido através da adição ou remoção de água, respetivamente, ao material obtido no processo de moagem em bruto. São obtidos pellets ou grânulos com um teor de humidade de 15-20%, que são depositados em grelhas móveis através das quais circulam os gases quentes do forno.

Quando o material chega à entrada do forno, a água evaporou-se e a cozedura começou. Em todos os casos, o material processado no forno rotativo atinge uma temperatura de cerca de 1450°C. É arrefecido bruscamente à saída do forno em arrefecedores planetários ou de grelha para obter clínquer.

Moagem de cimento:

O processo de fabrico do cimento termina com a moagem conjunta do clínquer, do gesso e de outros materiais designados por "adições". Os materiais que podem ser utilizados, normalizados como adições, são, entre outros:

- Escória de alto-forno.
- Pozolanas naturais.
- Cinzas volantes.
- Calcário.

Dependendo da composição, resistência e outros factores, o cimento é classificado em diferentes tipos e classes. A moagem do cimento é realizada em equipamentos mecânicos onde a mistura de materiais é submetida ao impacto de corpos metálicos ou a elevadas forças de compressão. Para o efeito, são utilizados os seguintes equipamentos:

- Prensa de rolos.
- Moinhos verticais de rolos.
- Moinhos de bolas.
- Moinhos de rolos horizontais.

É importante conhecer as diferentes fases do processo de fabrico do cimento, que é considerado uma atividade industrial e é esquematizado através da identificação das diferentes actividades.

2.2.3 PRINCIPAIS UTILIZAÇÕES E APLICAÇÕES DO CIMENTO.

Atualmente, quando mencionamos a palavra cimento, esta indica qualquer tipo de adesivo na construção civil, bem como uma substância que pode ser expandida para unir areia e pedra britada e algum tipo de agregado para formar uma massa sólida. As suas propriedades incluem maior força e resistência mecânica do que os agregados que lhe deram origem.

Um cimento pode ser um composto químico unificado, mas na maioria dos casos é uma mistura, embora do ponto de vista químico seja geralmente uma mistura de silicatos e aluminatos de cálcio, obtidos por cozedura de calcário, argilas e areias, a partir dos quais se obtêm diferentes tipos de cimento.

No quadro 2.3, distinguem-se pela sua composição, propriedades de resistência, durabilidade, pelas suas utilizações e utilizações previstas.

Quadro 2.3 Utilizações e aplicações do cimento

ÁREA	UTILIZAÇÃO PRINCIPAL
Melhorar a habitação	Melhoria e renovação de habitações, fundações, pavimentos, pátios, etc.
Agricultura	Resiste à agressividade ambiental
Industrial	Reforçado com fibras plásticas ou metálicas para reduzir as fissuras
Marítimo/Hidráulico	Com caraterísticas de baixa permeabilidade e elevada resistência em contacto com a água
Aplicações especiais	Selante de juntas, em telhados de chapa metálica ou de fibrocimento

Fuente:http://tesis.ipn.mx/bitstream/handle/123456789/7781/12.1198.pdf?sequence=119/12/2014

2.3 QUADRO REGULAMENTAR.

2.3.1 TIPOS DE CIMENTO, ESPECIFICAÇÕES E MÉTODOS DE ENSAIO LABORATORIAIS.

NORMA MEXICANA NMX-C-414-ONNCCE-2004: Indústria da construção - cimentos hidráulicos - especificações e métodos de ensaio.

Objetivo e âmbito de aplicação: Esta norma estabelece as especificações e os métodos de ensaio aplicáveis aos diversos tipos de cimentos hidráulicos de fabrico nacional ou estrangeiro destinados aos consumidores do México.

Esta norma é complementada pelas seguintes normas mexicanas em vigor:

NMX-C-059-0NNCCE: Indústria da construção - Determinação do tempo de presa de materiais cimentícios hidráulicos.

NMX-C-061-ONNCCE: Indústria da construção - cimentos - determinação da resistência à compressão de materiais hidráulicos.

A norma SCT N-CMT-02-002/02 CMT caraterísticas dos materiais - materiais para estruturas - materiais para betão hidráulico - qualidade dos agregados pétreos para betão hidráulico.

Contém as caraterísticas de qualidade dos agregados utilizados no fabrico de betão hidráulico, com exceção dos agregados leves que foram utilizados para a produção de betão ignífugo, bem como dos fíleres e elementos de betão cuja conceção se baseia em ensaios de carga e não em procedimentos convencionais.

A norma SCT N-CMT-2-02-005 CMT caraterísticas dos materiais - materiais para estruturas - materiais para betão hidráulico - qualidade do betão hidráulico. Esta norma contém as caraterísticas de qualidade do betão hidráulico a utilizar na construção de estruturas.

Manual SCT M-MMP-2-02-001/00 Métodos de amostragem e ensaio de materiais MMP - Materiais para estruturas - Materiais para betão hidráulico - Amostragem de betão de cimento Portland.

2.3.2 TIPOS DE CIMENTOS.

2.3.2.1 CLASSIFICAÇÃO DE ACORDO COM AS SUAS CARACTERÍSTICAS ESPECIAIS.

As caraterísticas dos cimentos são: resistência aos sulfatos, baixa reatividade álcali-agregado, baixo calor de hidratação e cor branca.

Os respectivos cimentos devem ter uma designação adicional de acordo com as suas caraterísticas especiais.

Cimentos resistentes aos sulfatos (RS): São os cimentos que, devido ao seu comportamento, cumprem o requisito de expansão limitada de acordo com o método de ensaio estabelecido.

Cimento de baixa reatividade alcalino-agregado (LAC): O cimento de baixa reatividade alcalino-agregado (LAC): O cimento de baixa reatividade alcalino-agregado (LAC): O cimento de baixa reatividade alcalino-agregado (LAC): O cimento de baixa reatividade alcalino-agregado (LAC) satisfaz o requisito de expansão limitada na reação alcalino-agregado de acordo com o método de ensaio estabelecido.

Cimento de baixo calor de hidratação (LHHH): Cimento que desenvolve um calor de hidratação igual ou inferior ao especificado na norma.

Cimentos brancos (B): São todos os cimentos cujo índice de brancura deve ser igual ou superior em relação à norma estabelecida.

2.3.4 CLASSIFICAÇÃO DO CIMENTO POR CLASSES DE RESISTÊNCIA.

Os diferentes cimentos são também classificados por resistência à compressão em cinco classes, de acordo com a tabela 2.4 abaixo.

Tabela 2.4 Diferentes tipos de cimento

Tipo	Designação	Classe de resistência	Caraterísticas especiais
CPO	Cimento portland comum	20	Resistência a sulfatos.
CPP	Cimento Portland Pozolânico	30	Baixa reatividade alcalina do agregado.
CPEG	Cimento de escória granulada de elevada homogeneidade	30 R	Sob calor de hidratação.
CPC	Cimento portland composto	40	Branco.
CPS	Cimento Portland com sílica de fumo	40 R	
CEG	Cimento Portland com escória granulada		

Fonte:http://www.revistacyt.com.mx/images/problemas/2009/pdf/JULIO.pd1 /10/2014

Designação normalizada: Os cimentos devem ser identificados por tipo e classe de resistência, conforme especificado no quadro acima. Se o cimento tiver uma resistência de 3 dias especificada, deve ser acrescentada a letra R (Resistência Rápida). No caso de um cimento possuir alguma das caraterísticas especiais enumeradas no Quadro II.5, a sua designação é completada de acordo com a nomenclatura indicada nesse quadro, se possuir duas ou mais caraterísticas especiais.

2.3.5 ESPECIFICAÇÕES FÍSICAS DOS CIMENTOS.

As especificações físicas do cimento, como a resistência à compressão de acordo com a NMX-C-061-ONNCCE, o tempo de presa de acordo com a NMX-C-059-ONNCCE e a estabilidade de volume de acordo com a NMX-C-062-ONNCCE, estão resumidas no quadro 2.5.

Quadro 2.5 Especificações físicas do cimento

Especificações físicas			
Classe de	Resistência à compressão	Tempo de regulação	Estabilidade do volume

resistência	(N/mm2)			(min)		em autoclave (%)	
	3 dias mínimo 0	28 dias mínimo 0	máximo	Mínimo inicial	Máximo inicial	Expansão máxima	Contração máxima
20		20	40	45	600	0.8	0.20
30		30	50	45	600	0.8	0.20
30R	20	30	50	45	600	0.8	0.20
40		40		45	600	0.8	0.20
40R	30	40		45	600	0.8	0.20

Fonte:http://www.revistacyt.com.mx/images/problemas/2009/pdf/JULIO.pd1 /10/2014

Nos casos em que as propriedades do cimento podem ser melhoradas ultrapassando os limites de sulfatos (SO3), é permitido ultrapassar estes limites desde que não provoque uma expansão superior a 0,020% após 14 dias de imersão em água, de acordo com as normas NMX-C-131-ONNCCE e NMX-C-185-ONNCCE. O quadro 2.6 seguinte apresenta as especificações químicas.

Quadro 2.6 Especificações químicas do cimento

Especificações químicas		
Propriedades	Tipos de cimentos	Especificação (% massa)
Perda na ignição	CPO, CEG	Máximo 5% Máximo 5% Máximo
Resíduo insolúvel	CPO, CEG	Max 4% Max 4% Max 4% Max 4% Max 4% Max 4% Max 4% Max 4% Max 4% Max 4% Max 4% Max 4% Max 4%
Sulfato (SO2)	Todos	Max 4% Max 4% Max 4% Max 4% Max 4% Max 4% Max 4% Max 4% Max 4% Max 4% Max 4% Max 4% Max 4%

Fonte:http://www.revistacyt.com.mx/images/problemas/2009/pdf/JULIO.pd1 /10/2014

Quando se exige que um cimento tenha uma caraterística especial, este deve cumprir as especificações indicadas no quadro 2.7. A sua verificação é efectuada através de métodos de determinação das caraterísticas químicas baseados nas normas NMX-C-418-ONNCCE, NMX-C-180-ONNCCE e NMX-C-151-ONNCCE.

Quadro 2.7 Especificações para cimento com caraterísticas especiais

Especificações de cimentos com caraterísticas especiais.							
Nomenclatura ura	Caraterísticas especiais	Expansão por ataque de sulfato (Max %)	Expansão por reação álcali-agregado (Max %)		Calor de hidratação (máx.) kj/kg (Kcal/kg)		Branco (min %)
		1 ano	14 dias	56 dias	7 dias	28 dias	
RS	Resistente aos sulfatos	0.10	- -		-		-
BRA	Baixa reatividade Álcalis adicionados	-	0.020	0.060	-		-
BeH	Baixo calor de hidratação	-	-	-	250	290	-
B	Branco	-	- -		-		70

Fonte:http://www.revistacyt.com.mx/images/problemas/2009/pdf/JULIO.pd1 /10/2014

2.3.6 INFORMAÇÕES TÉCNICAS - REGULAMENTAÇÃO DO CIMENTO.

- Cimento Portland Comum - NMX-C-414-ONNCCE-199:

O cimento Portland ordinário é excelente para construções gerais: sapatas, colunas, vigas, castelos, lajes, paredes, lajes, pavimentos, passeios, calçadas, mobiliário municipal como bancos, fontes, mesas, ideal para fabricar produtos pré-fabricados como tábuas, pedras de pavimentação, blocos, postes de iluminação, pias, etc.

- Cimento Portland compósito NMX-C-414-ONNCCE-199:

Tem uma excelente durabilidade em pré-fabricados de esgotos e proporciona betões com maior resistência química e menor libertação de calor.

Este cimento é compatível com todos os materiais de construção convencionais, tais como areia, cascalho, pedreira, mármore, etc. Assim como com os pigmentos aditivos, desde que sejam utilizados com os cuidados e dosagens recomendados pelos seus fabricantes.

- Cimento portland pozolânico NMX-C-414-ONNCCE-199:

Ideal para a construção de sapatas, pavimentos, colunas, castelos, dallas, muros, lajes, pavimentos, calçadas, mobiliário municipal. Especialmente para a construção em solos salinos, melhor para estaleiros de construção expostos a ambientes quimicamente agressivos.

Elevada durabilidade dos produtos pré-fabricados para saneamento, tais como tampas de esgotos, esgotos pluviais, caixas de visita e tubos de drenagem.

- Cimento portland ordinário branco NMX-C-414-ONNCCE-199 :

Excelente para trabalhos ornamentais ou arquitectónicos como fachadas, monumentos, lápides, gradeamentos, escadas, etc. Grande desempenho na produção de mosaicos em tijoleira, balaustradas, lavatórios, sanitários, rurais, tirolesas, autocolantes, juntas, etc.

As fachadas dos revestimentos de parede, poupam custos de repintura. Este produto pode ser facilmente pigmentado para obter a cor desejada e pode ser misturado com materiais de construção convencionais, desde que estes estejam isentos de impurezas. Devido à sua elevada resistência à compressão, tem as mesmas utilizações estruturais que o cimento cinzento.

- Cimento portland ordinário resistente a sulfatos NMX-C-414- ONNCCE-199:

O cimento Portland normal resistente aos sulfatos proporciona uma maior resistência química ao betão em contacto com a água ou com solos agressivos, como a água do mar, solos com elevado teor de sulfatos ou de sais. Recomendado para a construção de barragens, drenos municipais e todos os tipos de obras subterrâneas.

- Cimento Portland para alvenaria (Argamassa) NMX-C-021-ONNCCE- 2004:

Especialmente concebido para trabalhos de alvenaria, junção ou colagem de blocos, divisórias, tijolos, pedra, alvenaria, reboco, betonilha, reboco e remendo, betonilhas, gabaritos e pavimentos, não devendo ser utilizado na construção de elementos estruturais.

Capítulo 3

MÉTODO DE INVESTIGAÇÃO.

3.1 ABORDAGEM DA INVESTIGAÇÃO.

A abordagem metodológica é quantitativa, uma vez que a recolha e análise de dados são utilizadas para responder às questões de investigação e testar hipóteses previamente estabelecidas, é um processo dedutivo, cada etapa conduz logicamente à seguinte, serve para provar, explicar ou prever um determinado facto.

3.1.1 TIPO DE INVESTIGAÇÃO.

O tipo de pesquisa é experimental, pois é possível avaliar de que forma ou por qual motivo algo em particular acontece. Este tipo de investigação é provocado, o que permite modificar as variáveis em intensidade, e avaliar as causas e consequências dos resultados. A experiência é uma manipulação voluntária de variáveis e os resultados são observados num ambiente controlado.

3.1.2 MÉTODO DE INVESTIGAÇÃO.

Foi recolhida uma amostra do material da bancada selecionada e foram realizados os ensaios laboratoriais exigidos nas normas para determinar se o material está dentro dos parâmetros estabelecidos na norma, depois foram feitos e ensaiados os provetes de betão, os resultados obtidos foram anotados e chegou-se a uma conclusão.

3.1.4.1 ENSAIO DE AGREGADOS GROSSOS

Teste granulométrico.

O ensaio consiste em fazer passar a amostra através destas malhas e determinar a percentagem de material retido em cada malha.

Ensaio de gravidade específica.

A determinação da massa volumétrica seca do material no seu estado solto consiste em obter a relação entre a massa dos sólidos no material e o volume total do material, uma vez que a massa da amostra foi corrigida para o teor de água.

A partir da amostra do material, obtida de acordo com o Manual M-MMP-1-01, Amostragem de Materiais para Terraplenagem, da Secretaria de Comunicações e Transportes (SCT), a quantidade necessária para encher o recipiente de 10 L é seca, desagregada e separada, de acordo com o Manual M-MMP-1-03, Secagem, Desagregação e Quarteamento de Amostras, da SCT.

1) O material é homogeneizado por mistura e, em seguida, utilizando a concha de

chapa e a escantilhão como referência, enche-se o recipiente de chapa como se mostra na figura #, para o que se deixa cair o material de uma altura de 20 cm, evitando que se rearranje por movimento indevido. Posteriormente, o material é nivelado com a régua de 30 cm.

2) A massa do recipiente com o material é obtida como indicado na figura # e registada como W em g, com uma aproximação de 5 g.

3) Finalmente, o teor de água do material é determinado de acordo com o manual M-MMP-1-04, Teor de água, que é registado como w.

Cálculos.

A massa volumétrica seca do material solto é calculada e comunicada como resultado do ensaio utilizando a seguinte expressão:

$$\gamma d_s = \frac{100\, W_m}{V\,(100 + w)} = \frac{\gamma_m}{100 + w}(100)$$

3.1.4.2 ENSAIO DE AGREGADOS FINOS.

Teste granulométrico:

O ensaio consiste em fazer passar a amostra através destas malhas e determinar a percentagem de material retido em cada malha.

Quadro 3.1 Limites de dimensão das partículas para o agregado fino

Malha		Percentagem retida acumulado
Abertura mm	Designação	
9.5	3/8"	0
4.75	№4	0-5
2.36	№8	0-20
1.18	№16	15-50
0.6	№30	40-75
0.3	№50	70-90
0.15	N°100	90-98

Fonte: http://www.imcyc.com/revistacyt/pdfs/problemas27.pdf

1) Obtém-se uma amostra representativa da terra seca ao sol, desagregada e fendida, pesa-se e regista-se o peso no registo correspondente.

2) O material é passado através das diferentes malhas, que vão da maior para a menor

abertura, como mostra o registo para este teste.

3) O material retido em cada peneira é pesado e registado na coluna do peso retido.

4) Tudo isto é feito até à malha n.º 4 e com o material que passa nesta malha obtém-se uma porção representativa do solo, para o que se deve passar o material tantas vezes quantas as necessárias pelo jogo de amostras, até se obter uma amostra de 500 a 1000 gramas.

5) Coloca-se a amostra anterior a secar completamente (até que não embacie o vidro de relógio), arrefece-se e pesa-se uma amostra de 200,0 gramas, que se esvazia num copo de alumínio e deita-se água até o encher; com esta, lava-se o solo. Se a terra em estudo tiver uma quantidade apreciável de grumos, deixa-se em saturação durante 24 horas.

6) A lavagem do solo consiste em agitar o solo com uma vara de arame de ponta arredondada, fazendo figuras em forma de "oitos" durante 15 segundos.

7) O líquido é vertido na malha 200, a fim de remover os finos (que é o material que passa através da malha 200), em seguida, mais água é vertida no copo e agitada como descrito acima.

8) Quando se acumula muito material (areia) na malha, esta é reintegrada no recipiente, esvaziando a água sobre o dorso da malha, tendo sempre o cuidado de não perder material; isto é feito de 5 em 5 vezes que a água com finos é esvaziada na malha n.º 200. Esta operação é repetida tantas vezes quantas as necessárias para que a água saia limpa ou quase limpa.

9) A terra é seca no forno ou na estufa, deixada arrefecer e depois passada através dos seguintes crivos, que vão do nº 10 ao nº 200. Para uma vibração mais eficiente, recomenda-se que todo o conjunto de crivos seja passado pelo vibrador de crivos.

10) As matérias retidas em cada malha são pesadas.

11) Os cálculos são efectuados para: % parcialmente retida, % acumulada retida, % de passagem; a curva granulométrica é traçada.

12) São calculadas as percentagens de cascalho, areia e finos, bem como os coeficientes de uniformidade (Cu) e de curvatura (Cc).

3.1.4.3 ENSAIOS DE BETÃO FRESCO

Ensaio de abatimento:

O ensaio de abatimento é realizado para garantir que uma mistura de betão é trabalhável. A amostra medida deve estar dentro de um intervalo estabelecido, ou tolerância, do abatimento pretendido.

A amostra de betão hidráulico, obtida de acordo com o Manual M-MMP-2-02-055, Amostragem de Betão Hidráulico, não necessita de qualquer preparação para além da remistura para homogeneização.

Neste ensaio, obtêm-se valores fiáveis de abatimento na gama de 2 a 20 cm. Toda a operação, desde o início do enchimento até ao levantamento do molde, deve ser efectuada sem interrupção, num tempo não superior a 2,5 min e de acordo com o seguinte procedimento:

1) O interior do molde é humedecido e colocado sobre a placa metálica previamente humedecida.

2) Apoiando os pés nos estribos do molde, o operador segura o molde firmemente no lugar e prossegue com a operação de enchimento.

3) O molde é preenchido em três camadas de espessura aproximadamente igual, sendo cada camada compactada por 25 penetrações da vareta distribuídas uniformemente pela sua secção.

4) Uma vez concluída a compactação da última camada, o betão é betumado, fazendo rolar a vareta sobre o bordo superior do cone. A superfície exterior da placa de base é limpa e, de imediato, o molde é cuidadosamente levantado na direção de
vertical, sem movimentos laterais ou de torção. A operação de elevação completa do molde deve ser efectuada em 5 mais menos 2 segundos.

5) Imediatamente a seguir, o abatimento do betão é determinado a partir do nível original da base superior do molde, calculando esta diferença de altura no centro abatido da superfície superior do provete.

Ensaio de compressão:

[12]As argamassas de enxofre comerciais ou preparadas em laboratório utilizadas para cobrir as faces paralelas dos provetes moldados devem ter uma resistência mínima de 35,34 MPa (350 kg/cm) num período máximo de 2 horas.

1) Limpam-se as superfícies das placas superior e inferior da prensa e as extremidades

dos provetes; coloca-se o provete a ensaiar na placa inferior, alinhando cuidadosamente o seu eixo em relação ao centro da placa de carga com assento esférico, como se mostra na figura 3.1, enquanto a placa superior é baixada em direção ao provete até se obter um contacto suave e uniforme.

2) A carga é aplicada a uma velocidade uniforme e contínua, sem produzir impacto ou perda de carga. A velocidade deve estar compreendida entre 137 e 343 kPas/s (aproximadamente 84 a 210 $kg/cm^3/min$).

3) As cargas são aplicadas até se atingir a carga máxima admissível, efectuando os registos correspondentes.

A resistência dos provetes de betão é determinada à idade de 14 dias, no caso do betão de resistência rápida, e de 28 dias, no caso do betão de resistência normal, com as tolerâncias indicadas no quadro seguinte.

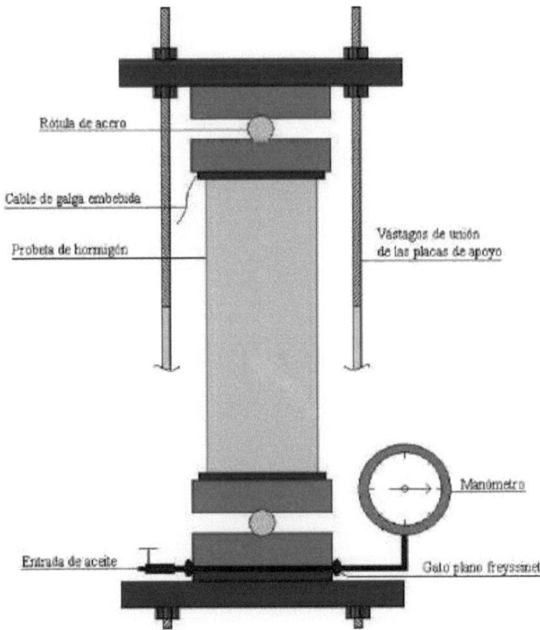

Figura 3.1 Esquema da máquina universal

Tabela 3.2 Tolerância em horas

Idade do teste (dias)	Tolerância (horas)
14	± 12
28	± 24

Fonte: Manual M-MMP-2-02-055

Cálculos

Como resultado deste ensaio, a resistência à compressão suportada pelo provete é calculada e reportada, utilizando a seguinte expressão:

$$R = \frac{10P}{A}$$

Onde:

R = Resistência à compressão simples, (MPa)

P = Carga máxima, (kN)

A = Área média da secção transversal do provete, (cm^2)

3.1.6 MÉTODO DE ANÁLISE DOS DADOS.

Para a análise dos dados do presente estudo, 12 cilindros de betão e 9 vigas de betão fabricados com o mesmo tipo de mistura, sendo a única variação a adição de concha de ostra (Crassostrea), foram submetidos a ensaios de compressão e flexão.

Capítulo 4

ANÁLISE DOS RESULTADOS.

Este capítulo apresenta os resultados obtidos nos ensaios laboratoriais.

Para efeitos de investigação, foram efectuadas duas dosagens, com base no rácio:

1:2 (1 cimento: 2 areia)

rácio água/cimento Ra/c= 0,67

As dosagens foram as seguintes:

Misture № 1 cimento, areia, cascalho e água.

Misture № 2 cimento, areia, cascalho, água e 3% de concha de ostra.

Os materiais foram misturados homogeneamente e controlados em peso, para tentar garantir condições iguais nos provetes amostrados em moldes cilíndricos de = 15 cm h=30 cm e moldes rectangulares de 15 x 15 x 60 cm; foram determinados o teor de humidade das misturas em geral, a temperatura, as massas volumétricas no estado fresco, a percentagem de absorção, o slump, as tensões de compressão em idades pré-estabelecidas.

4.1 MATERIAIS UTILIZADOS NO FABRICO DO BETÃO HIDRÁULICO

No âmbito da investigação, antes da conceção propriamente dita, foram determinadas as caraterísticas de qualidade dos agregados utilizados no fabrico do betão hidráulico.

De acordo com o Ministério das Comunicações e Transportes, os agregados são materiais pétreos naturais selecionados; materiais sujeitos a tratamentos de desagregação, crivagem, britagem ou lavagem, ou materiais produzidos por expansão, calcinação ou fusão de excipientes, que são misturados com cimento Portland e água para formar o betão hidráulico. Os agregados para betão hidráulico classificam-se em: agregado fino e agregado grosso.

4.2 MATERIAIS FINOS NO SEU ESTADO NATURAL.

O agregado fino utilizado na produção de betão hidráulico é areia natural selecionada ou obtida por trituração e crivagem, com granulometria entre 75 micrómetros (malha № 200) e 4,75 milímetros (malha № 4), podendo conter finos de menor dimensão, dentro das proporções estabelecidas na norma N-CMT-2-02-002/02.

4.1.1 GRANULOMETRIA DA AREIA.

O objetivo da análise granulométrica da areia é determinar as quantidades em que partículas de determinados tamanhos estão presentes no material.

A distribuição do tamanho das partículas é efectuada utilizando malhas de abertura quadrada com os seguintes tamanhos: 3/8", Números 4, 8, 16, 20, 20, 30, 40, 40, 40, 50, 60, 60, 80, 100 e 200 respetivamente, a tabela 4.1 mostra a percentagem de retidos e passados.

Quadro 4.1 Percentagem de coimas retidas

Malha	Parcialmente retido		Retido acumulado % Retido acumulado % Retido acumulado % Retido acumulado % Retido acumulado % Retido acumulado % Retido	Passagem %	Especificações % de aprovação
	Grs.	%			
3/4	7.71	1.30	1.30	98.70	
4	23.95	4.05	5.36	94.64	95 a 100
8	20.71	3.50	8.86	91.14	80 a 100
16	22.52	3.81	12.67	87.33	50 a 85
30	79.69	13.48	26.15	73.85	25 a 60
50	272.04	46.02	72.17	27.83	10 a 30
100	109.55	18.53	90.70	9.30	2 a 10
p-100					
soma	591.15	100.00	100.00		

Os resultados do ensaio são traçados juntamente com os limites que especificam as percentagens aceitáveis para cada dimensão, a fim de verificar se a distribuição das dimensões é adequada.

A granulometria mais adequada para o agregado fino depende do tipo de obra, da riqueza da mistura (teor de cimento) e da dimensão máxima do agregado grosso.

O gráfico № 1 mostra os resultados do ensaio de granulometria realizado no material utilizado na fabricação do concreto hidráulico, material proveniente da bancada de Cacalilao, Veracruz.

Curva granulométrica do material de bancada

Cacalilao

Malla No.	ARENA
	% que pasa la malla
3/8"	100.00
No. 4	99.00
8	98.00
16	92.00
30	69.00
50	16.00
100	2.00
200	10.00

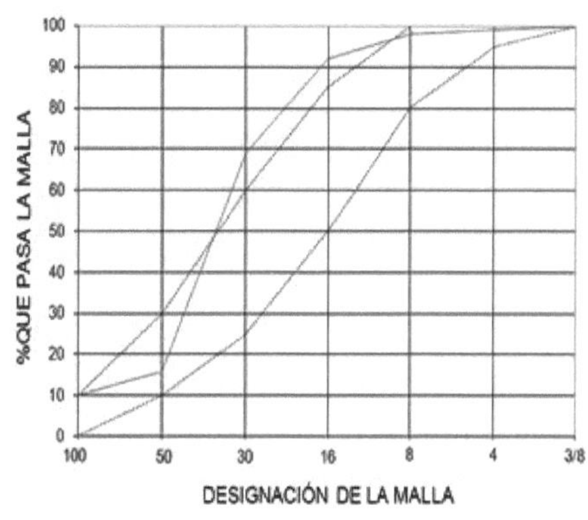

Como se pode ver no gráfico acima, a parte do material correspondente às malhas 30 e 16 está fora dos parâmetros de aceitação para utilização no fabrico de betão hidráulico.

4.1.2 CÁLCULO DO MÓDULO DE FINURA

A análise granulométrica da areia é complementada pelo cálculo do módulo de finura, que é igual à centésima parte da soma das percentagens retidas acumuladas em cada uma das malhas da série normalizada. A areia é geralmente considerada como tendo um módulo de finura adequado para o fabrico de betão.

MF

Z%Ret.Accum. em malhas (3/4"; #4; #8; #16; #30; #50; #100) - 100

As areias com um módulo de finura de 2,24 são areias finas; e se o módulo estiver entre 2,3 e 3,1, são areias médias. Se o módulo for superior a 3,1, trata-se de uma areia grossa.

Quando têm um módulo de finura inferior ao aceitável, são considerados demasiado finos e são prejudiciais para esta aplicação, pois tendem a exigir um maior consumo de pasta de cimento, o que afecta negativamente as variações volumétricas e o custo do betão.

No outro extremo, as areias com um módulo de finura superior a 3,5 são demasiado grosseiras e também são consideradas inadequadas porque tendem a produzir misturas de betão grosseiras, segregáveis e propensas a sangrar.

A areia ensaiada no laboratório tem um módulo de finura de 2,24, que está no limite da especificação, o que significa que é uma areia fina, podendo ser utilizada para o fabrico de cimento, com resultados favoráveis.

O peso volumétrico seco solto de 1241 kg/m3 também foi obtido.

A percentagem de absorção é da ordem dos 5,52% com uma densidade de 2,427.

4.2 MATERIAL PÉTREO NO SEU ESTADO NATURAL

Em seguida, apresentam-se os resultados obtidos no ensaio do material do banco #0040 "El Abra" situado no quilómetro 081+600 da estrada Cd. Valles - Cd. Victoria em condições naturais.

4.2.1 GRANULOMETRIA DOS AGREGADOS GROSSOS VIRGENS

Atualmente, a dimensão das partículas e a dimensão máxima dos agregados são importantes devido ao seu efeito na dosagem, trabalhabilidade, economia, porosidade e retração do betão.

Para a gradação dos agregados grossos, utiliza-se uma série de malhas especificadas na norma mexicana N-CMT-2-02-002/02.

Quadro 4.2 Tamanhos de partículas de agregados grosseiros

Número de Malla	Retido (gr)	Parcial % % Parcial % Parcial % Parcial % Parcial % Parcial % Parcial % Parcial	Retido acumulado % Retido acumulado % Retido acumulado % Retido acumulado % Retido acumulado % Retido	Passar a malha %
2"				

1.5				
1	50	0.86	0.86	99.14
3/4	1,170	20.17	21.03	78.97
1/2	2,145	36.97	58.00	42.00
3/8	975	16.80	74.80	25.20
№4	1,035	17.84	92.64	7.36
№8	140	2.41	95.05	4.95
P8				
SUMA	5,802	100		

O agregado grosso, de acordo com o SCT, pode ser brita natural selecionada ou obtida por britagem e crivagem, escória de alto-forno arrefecida a ar ou uma combinação destes materiais, com granulometria máxima geralmente compreendida entre 19 mm (3/4") e 75 mm (3"), podendo conter fragmentos de rocha e areia, dentro das proporções estabelecidas na norma N-CMT-2-02-002/02.

O gráfico № 2 mostra os resultados obtidos a partir do ensaio de granulometria realizado em material do banco El Abra, San Luis Potosí.

Gráfico № 2 Curva de tamanho de grão do material do banco de El Abra

N.º de malha	GRAVA
	% de malha passante
2 1/2"	100.00
2"	100.00
1 1/2"	100.00
1"	100.00
3/4"	85.00
1/2"	45.00
3/8"	22.00
N.º 4	2.00

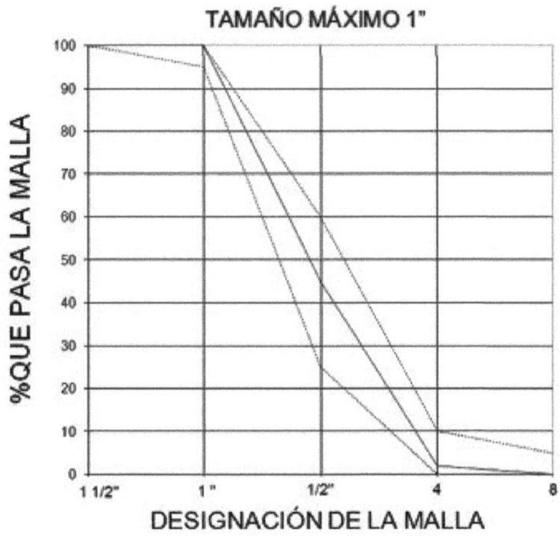

De acordo com os parâmetros estabelecidos pelo SCT, o material apresenta um comportamento aceitável para ser considerado como agregado grosso em betão com uma dimensão máxima de 1".

Foram efectuados ensaios de resistência ao desgaste por abrasão na máquina de anjos e por intemperismo acelerado, sendo os resultados: 29,50% e 5,50% respetivamente.

O peso volumétrico seco também foi obtido como 1450 kg/m3 de peso seco solto e 1528 kg/m3 de peso seco seco.

A percentagem de absorção é da ordem de 0,55% com uma densidade de 2,692.

Cimento Portland CPC 30R

Para a realização do betão hidráulico foi utilizado cimento portland CPC 30R da marca CEMEX.

Este cimento pode ser utilizado na construção de todo o tipo de elementos ou estruturas de betão simples ou armado. É compatível com todos os materiais de construção convencionais, obtendo excelentes resultados na construção tradicional de: pavimentos, pisos, pavimentos, castelos, vigas, sapatas, lajes, colunas, etc. O CPC 30R é produzido sob um rigoroso controlo de qualidade que o torna o cimento de excelente aplicação para todo o tipo de obras, desde projectos familiares até à construção de loteamentos, moradias, edifícios, obras municipais, produtos de betão industrializado, etc. É um tipo de cimento que se encontra disponível na zona em qualquer loja comercial dedicada ao fornecimento de materiais de construção.

Água

A água utilizada para a produção de betão é normalmente distribuída pela comissão municipal de água potável dos municípios de Tampico, Ciudad Madero e Altamira. Esta água é obtida a partir de um sistema lagunar conhecido como Chairel, formado pelos rios Tamesí-Pánuco, e está isenta de óleos, ácidos, substâncias alcalinas e matéria orgânica (água tratada).

4.3 PREPARAÇÃO DE MATERIAL RECICLADO "CONCHA DE OSTRA" CRASSOSTREA ANGULATA

Apresentam-se de seguida os resultados obtidos com o ensaio de material reciclado de conchas de ostras (Crassostrea Angulata) obtidas na Laguna de la Costa, situada na localidade de Moralillo, no Município de Pánuco (no Estado de Veracruz de Ignacio de la Llave).

Amostras de conchas de ostras foram levadas ao laboratório para serem trituradas e peneiradas, com tamanhos de partículas variando de 75 micrômetros (malha № 200) a 4,75 milímetros (malha № 4), podendo conter finos menores, dentro das proporções estabelecidas na norma N-CMT-2-02-002/02.

Dosagem da mistura

Uma vez obtidas as caraterísticas dos agregados, foi efectuada uma dosagem para respeitar a relação água-cimento estabelecida de 0,67, bem como a percentagem de material reciclado.

A dosagem utilizada é indicada a seguir:

Tabela № 1 Dosagem de misturas

Dosagem	Cimento O	Areia Kg.	Gravida de a	Agu a	Con ch a
1	20.00	47.00	61.00	13.41	-
2	44.00	102.00	134.00	32.00	9.18

Observação:

Foram considerados os pesos volumétricos:

cimento = 1250 Kg/m3;

areia= 1241 Kg/m3

absorção de areia= 5,52%,

água= 1000 kg/m3,

Concha de ostra = 940 kg/m3 no estado compacto,

gravilha= 1450 Kg/m3

absorção de gravilha = 0,55%.

A data de processamento dos espécimes foi 21 de março de 2018, com uma temperatura ambiente de 26,4°C e uma humidade relativa de 80%.

As proporções calculadas por qualquer método devem ser sempre consideradas como sujeitas a revisão com base na experiência adquirida com misturas de ensaio.

Dependendo das circunstâncias, as misturas de ensaio podem ser preparadas num laboratório, ou talvez de preferência como uma mistura de ensaio de campo.

A mistura foi preparada de acordo com o seguinte procedimento:

As quantidades de cada um dos materiais a utilizar foram pesadas e colocadas em recipientes de 20 litros.

A água necessária foi medida em tubos de ensaio.

O equipamento necessário para a amostragem e ensaio foi preparado e lubrificado, tal como um cone de abatimento, termómetro, equipamento para a determinação de massa volumétrica, etc.

Assegurou-se que o agitador de 0,6 m3 de capacidade estava a funcionar corretamente, ao mesmo tempo que o tambor de mistura era humedecido e o excesso de água era completamente drenado.

Antes do início da rotação, foi adicionado o agregado grosso e um pouco de água.

O misturador foi ligado e o agregado fino, o cimento e o resto da água foram adicionados com o misturador a funcionar. Se isto não for prático para um determinado misturador ou para um determinado ensaio. Estes componentes (agregado fino, cimento e água) podem ser adicionados ao misturador parado e deixando o misturador rodar algumas rotações, continuando o carregamento com o agregado grosso e alguma água.

Depois de todos os componentes estarem no misturador, o temporizador foi cronometrado: 3 minutos de mistura, seguidos de um período de repouso de 3 minutos (a extremidade aberta do misturador foi tapada para evitar a evaporação durante o período de repouso), seguido de um período final de mistura de 2 minutos.

O betão foi vertido num tabuleiro previamente humedecido.

Com o betão no tabuleiro, procedeu-se ao ensaio de abatimento e ao enchimento dos moldes do cilindro e da viga.

Nota: Iniciar o ensaio de abatimento no prazo de cinco minutos após a obtenção da amostra de betão. Para a moldagem das amostras, são concedidos 15 minutos a partir do fabrico do betão. De acordo com a NMX-C-156.

Não deve ser misturado por um período maior ou mais longo do que o especificado, pois haverá evaporação da água na mistura, com consequente diminuição da trabalhabilidade e aumento da resistência. Outro efeito secundário é o esmagamento dos agregados, especialmente se não forem duros, a granulometria torna-se mais fina e a trabalhabilidade mais baixa.

Tabela № 2 Dados de mistura

Dosagem ón	Humidade na mistura	Receitas	Temperatur a	Peso Volumetria
1	11.81	9.0	25.0	2296
2	12.52	7.0	27.3	2290

Nota: O peso volumétrico da mistura foi determinado de acordo com os procedimentos estabelecidos na NMX-C-138-ONNCCE.

Os resultados obtidos com os ensaios das amostras de betão convencional são apresentados a seguir.

Tabela № 3 Resultados do

Mistura № 1

Espaço homens №	Idade em dias	Diáme tro cm	Altura cm.	Carga Kg	Tensão de compressã o
1	7	15.1	30.0	30000	167.50
2	7	15.1	30.0	30500	170.30
3	14	15.1	30.0	32250	180.07

4	14	15.1	30.0	32000	178.67
5	28	15.1	30.0	39500	220.55
6	28	15.1	30.0	41000	228.92

Tabela № 4 Resultados da mistura № 1

Especial №	Idade em dias	Largura (a) cm	Altura (h)	Longo (1)	Espaçamento do suporte (L)	Carga (P) Kg	Tensão de flexão Kg/cm^2
7	7	15.0	15.0	60.0	45.0	1500	20.00
8	14	15.0	15.0	60.0	45.0	1750	23.33
9	28	15.0	15.0	60.0	45.0	2250	30.00

A tabela abaixo mostra a formação de cimento, areia, cascalho, água e 3,0% de concha de ostra.

Tabela № 5 Resultados do

Mistura № 2

Espécie homens №	Idade em dias	Diámetro 0 cm	Altura cm.	Carga Kg	Tensão de compressão
10	7	15.1	30.0	22250	124.23
11	7	15.1	30.0	22500	125.63
12	14	15.1	30.0	27800	155.22
13	14	15.1	30.0	27400	152.99
14	28	15.1	30.0	29500	164.71
15	28	15.1	30.0	30500	170.30

Tabela № 6 Resultados da mistura № 2

Espécimem	Idade em	Largura (a)	Altura (h)	Grande o(l)	Distância	Carga (P)	Esforço ou

№	dias	-ein	-ein	cm	entre apoyos /T \	Kg	dobrar Kg/cm^2
1 6	7	15.0	15.0	60.0	45.0	1450	19.33
1 7	7	15.0	15.0	60.0	45.0	1400	18.67
1 8	14	15.0	15.0	60.0	45.0	1850	24.67
1 9	14	15.0	15.0	60.0	45.0	1900	25.33
2 0	28	15.0	15.0	60.0	45.0	1950	26.00
2 1	28	15.0	15.0	60.0	45.0	2000	26.67

COMENTÁRIOS

1. Processamento de amostras.

Durante o processo e elaboração da mistura para a formação de espécimes, foram realizadas 2 dosagens, que foram descritas e atribuídas como № 1 e 2 na Introdução deste documento.

Observou-se um comportamento normal de endurecimento e perda de plasticidade durante a mistura convencional, enquanto que para a mistura de conchas de ostra, o tempo de endurecimento foi superior a 24 horas.

Foram obtidas porções representativas de betão fresco, de acordo com o manual de métodos de amostragem de betão hidráulico M- MMP-2-02-055, para além dos trabalhos de amostragem, enchimento de moldes, acondicionamento e identificação, utilizando um total de 12 cilindros com uma relação altura/diâmetro = 2, de 0 = 15 cm e 30 cm de altura; 6 amostras de betão convencional e 6 com concha de ostra, para ensaios às idades de 7, 14 e 28 dias; 9 vigas de 15 x 15 x 60 cm para ensaios de flexão; 3 de betão convencional e 6 com o recurso natural.

O teor de humidade de cada mistura foi determinada no estado fresco; mistura № 1, que representa o betão convencional, apresentou um teor de humidade de 11,81%; o caso para a mistura № 2 foi na ordem de 12,52%.

Os espécimes foram curados por imersão total em água num tanque de cura à temperatura ambiente.

Antes do ensaio, os provetes foram carregados na cabeça para assegurar que as faces de aplicação da carga eram mantidas perpendiculares ao eixo do provete; a resistência à compressão simples dos provetes cilíndricos foi determinada por aplicação de carga numa máquina universal FORNEY modelo LT-1150, numa gama de aplicação de 75000 kg com uma apreciação mínima de 250 kg a uma taxa de aplicação de 15000 kg por minuto.

2. Valores de tensão obtidos nos provetes com 7 dias de idade.

A tensão de compressão obtida para a mistura № 1 corresponde a 169 kg/cm2.

Foram realizados ensaios para determinar as tensões de flexão com vigas de secção 15,0 x 15,0 x 60,0 cm, obtendo-se valores de acordo com a expressão PL/bd2, onde P é a carga axial aplicada, L o comprimento ou vão dos apoios, b a base e d a altura; para esta mistura obteve-se um valor de 20 kg/cm2.

Para a mistura № 2 correspondente a 3% de concha de ostra, uma tensão de compressão de 125 kg/cm2, tensões de flexão de 19 kg/cm2.

Uma vez que a falha ocorreu no terço médio do espécime, não foi necessário utilizar factores de correção.

3. Valores de tensão obtidos nos provetes com 14 dias de idade.

A tensão de compressão obtida na idade de 14 dias para a mistura № 1, corresponde a 179 Kg/cm2.

As tensões de flexão obtidas pela aplicação da carga nas vigas deram um valor de 23,33 kg/cm2.

Para a mistura № 2 correspondente a 3% de concha de ostra, é apresentada uma tensão de compressão de 154 Kg/cm2, tensão de flexão de 25 Kg/cm2.

4. Valores de tensão obtidos nos provetes com a idade de 28 dias.

Foi efectuado um teste final com a idade de 28 dias.

1 corresponde a 225 kg/cm2, enquanto que as tensões de flexão são de 30,00 kg/cm2.

Para a mistura № 2, foi obtida uma tensão de compressão na idade de 28 dias de 168 kg/cm2, as tensões de flexão obtidas foram de 26 kg/cm2.

Abaixo está um gráfico de tensão vs. idade em dias no qual se pode observar a evolução das amostras de betão.

Gráfico n.º 1. Tensão de compressão vs. idade em dias

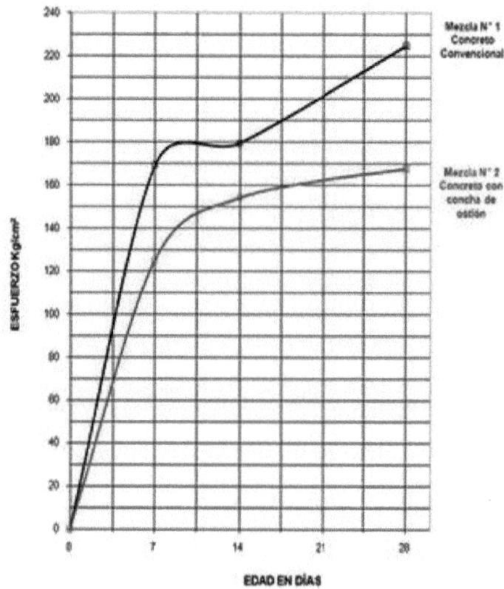

Gráfico n.º 2. Tensão de flexão vs. idade em dias

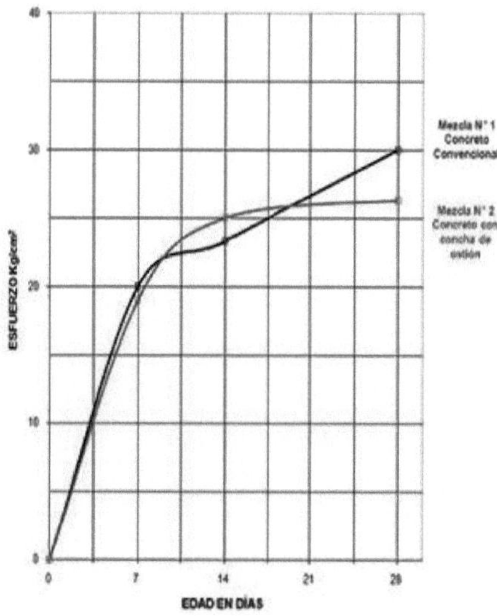

Resumo geral

A primeira fase da investigação consistiu na análise individual dos agregados finos e grossos e do material reciclado (concha de ostra) para obter as suas caraterísticas e conceber a mistura de betão. A fim de obter provetes representativos da mistura de betão, foram recolhidos 12 provetes cilíndricos de *0= 6"* h=12" e 9 provetes amostrados em moldes prismáticos rectangulares de 15 x 15 x 60 cm, de acordo com a norma NMX- C-161- 1997-ONNCCE; as amostras foram identificadas e protegidas da evaporação. Os provetes foram curados em laboratório por imersão total em água, as idades de ensaio estabelecidas foram 7, 14 e 28 dias.

Foram submetidas a uma cabeça de enxofre de acordo com a norma NMXC-109-ONNCCE, verificando os parâmetros de tolerância de planeza e perpendicularidade. As massas volúmicas obtidas das amostras 1 e 2 foram de 2296 e 2290 kg/m3 , respetivamente. As tensões de compressão à idade de 28 dias para o provete nº 1, correspondente à mistura de betão sem material reciclado, são da ordem dos 225 kg/cm2 , enquanto as tensões de flexão foram de 30,00 kg/cm2 . No caso da amostra n.º 2, a tensão de compressão máxima obtida aos 28 dias é de 170 kg/cm2 e de 26,67 kg/cm2 na flexão.

Conclusões

Um betão convencional, na conceção descrita neste documento, atingiu tensões de compressão da ordem dos 220 kg/cm2 , bem como uma tensão de flexão de 30 kg/cm2 . Com a adição de concha de ostra a um betão convencional, foram apresentados valores de compressão de 170 kg/cm2 e tensões de flexão de 27 kg/cm2. Face ao exposto, podemos concluir que a maior contribuição de tensões nas amostras com concha de ostra é gerada nos primeiros 7 dias, após os quais o betão adquire apenas 25% da sua resistência final. A adição de material reciclado reduz as tensões de compressão e flexão nos provetes em cerca de 23%.

Lista de referências

CONAPESCA. (2015). Consulta específica por produção. Disponível em: http://www.conapesca.

sagarpa.gob.mx/wb/cona/consulta_especifica_por_produccion [15 de junho de 2015].

Essen (2005). "Microscopia de argamassas históricas - uma revisão. Cement and Concrete Research. 1-9.

Governo de Espanha (n.d.). Crassostrea angulata (Lamarck, 1819).

Disponível em: http://www. ictioterm.es/scientific_name.php?nc=202

Lovatelli, Farias, e Uriarte (2007). FAO Fisheries and Aquaculture Proceedings, ISSN 2071-1026. Situação atual da cultura e gestão de moluscos bivalves e sua projeção futura.

Marín, Luquet, Marie e Medacovic (2008). "Proteínas de conchas de moluscos: estrutura primária, origem e evolução". *UMR CNRS 5561 'Bioge'osciences,' Universite'de Bourgogne Boulevard Gabriel, 21000 Dijon, França Centerfor Marine Research Rovinj, Ruder Boskovic Institute Giordano Paliaga, 52210 Rovinj, Croácia.

Nguyen, Boutouil, Sebaibi, Leleyter e Baraud (2013). "Valorização de subprodutos de conchas marinhas em pavimentos de betão permeável", Construction and Building Materials 49, 2013, pp. 151-160. 20_Investigação atual sobre o ambiente II.indd 184 16/02/21 12:37 185

Projeto de norma mexicana PROY-NMX-C-021-ONNCCE-2001 (Indústria da construção - Cimento para alvenaria (argamassa) - Especificação e métodos de ensaio.

Reguero, e García-Cubas (1991). Molluscs of the Shrimp Lagoon, Veracruz, Mexico: Systematics and Ecology. Anales del Instituto de Ciencias del Mar y Limnología.

Schankrania (n.d.). Cura do betão fresco. Disponível em: http://www.arqhys.com/ hidratacion-concreto.html.

Webografia

https://www.espacioimasd.unach.mx/articulos/num12/reuso_de_desechos_d e_shells_of_ostion.php

http://www.personal.us.es/falejan/Propiedades%20de%20los%20morteros.p df3

https://www.aquahoy.com/noticias/moluscos/30248-exploran-mediante- os-beneficios-da-nano-tecnologia-dos-beneficios-da-carapaça-de-ostion

http://fondecyt.gob.pe/ciencia-al-dia/peru-usan-restos-de-conchas-de- fan-forproduce-concrete

https://www.onncce.org.mx/es/venta-normas/catalogo-de-norma

Printed by Books on Demand GmbH, Norderstedt / Germany